世说慢生活

旧物新用128招

她 品 主编

U0341285

农村读物出版社

图书在版编目（CIP）数据

旧物新用128招 / 她品主编. — 北京 ： 农村读物出
版社，2012.6
（逆生长慢生活）
ISBN 978-7-5048-5580-0

Ⅰ．①旧… Ⅱ．①她… Ⅲ．①生活—知识 Ⅳ．
①TS976.3

中国版本图书馆CIP数据核字(2012)第071343号

策划编辑	黄 曦	
责任编辑	黄 曦	
出　版	农村读物出版社（北京市朝阳区麦子店街18号　100125）	
发　行	新华书店北京发行所	
印　刷	北京三益印刷有限公司	
开　本	787mm×1092mm　1/24	
印　张	5	
字　数	120千	
版　次	2012年 9 月第1版　2012年 9 月北京第1次印刷	
定　价	26.00元	

（凡本版图书出现印刷、装订错误，请向出版社发行部调换）

目录

第一章　走进旧物的奇幻世界

第二章　小玩意儿的华丽转身

第三章　创衣无限女红志

第四章　童年狂想曲

走进旧物的奇幻世界

乐活当然从旧物开始

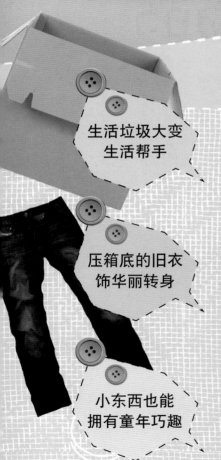

生活垃圾大变
生活帮手

压箱底的旧衣
饰华丽转身

小东西也能
拥有童年巧趣

世界上没有垃圾，只有错位的资源。如果拥有一双善于发现美的眼睛，再加上金子般的创意，他人眼中没有用处的旧物就能摇身一变，成为你快乐生活的必备品。

生活中难免会产生废弃物，最常见的如各种纸盒、饮料瓶等。这些东西与布料简单组合之后，就改装成了最实用的收纳用品。重新变为有用的物件。如果想要更美观一些，再添加些蕾丝、珠子、装饰花等元素，简直就可以与商店里的收纳盒媲美了。

女人的衣饰淘汰率极高，许多衣服裙子、旧鞋旧袜，很可能并没有破损，只因为过时或变旧就面临着被"打入冷宫"的命运。这时不妨拿出剪刀和针线，跟着我们一起做，比如将保守的长裤改成时下最流行的短裤、热裤，将牛仔裤改成时尚的裙子，给旧衣服一次华丽转身的机会。

长大以后，总是不可抑制地怀念儿时的美好时光，怀念一起嬉戏的玩伴，怀念那一个小玩具就可以快乐好久的单纯年代。用鸡蛋壳做几个表情搞怪的玩偶，用易拉罐剪一个大肚子的灯笼……动动手吧，在平凡中挖掘隐藏的无边乐趣。

常见工具大盘点

灰姑娘变成公主，少不了南瓜马车和玻璃鞋的帮助；废旧物品变身美丽小物件，当然也少不了各类工具的帮忙，现在就来盘点盘点最常见的工具吧！

剪刀

变废为宝的过程对剪刀一般没有特殊的要求，家庭常用剪刀即可。

美工刀

俗称刻刀，可对原材料进行切割、裁划，尤其适用于塑料和纸质材质。

锥子

钻孔工具，可对硬纸壳、塑料、木头等钻孔。

电钻

一般只需要用到小型电钻。在塑料瓶盖、金属片等较硬材质的原料上钻孔时，一定少不了它。

双面胶

用来黏合物品，不仅能将物品固定在一起，而且不会留下痕迹。

白乳胶

不仅黏接强度较高，而且凝固较快，有无毒、清洗方便等诸多优点。

针线

旧物新用常常需要进行布艺制作，自然少不了针和线这两大帮手。一般材质较软的材料如薄布料，或者针脚要求细密时，要使用较细的针；反之则要使用较粗的针。

铅笔

在旧物新用过程中，画图和做记号都需用到铅笔。铅笔没有特殊要求，普通的铅笔就行。

消失笔

书写笔迹与空气或溶液接触后，可以很快消失，改造衣服时常用到。

丙烯颜料

旧物新用就是将旧物改头换面，这时丙烯颜料是非常理想的"易容"工具。丙烯颜料除了能给一般的物品上色，还能用来制作个性T恤。

这些材料出镜率最高

　　生活中的废旧物比比皆是，究竟哪些最具有"化腐朽为神奇"的能力？一般来说，以下这些材料在变废为宝的过程中出镜率最高，最具有被改造的价值。

包装盒

　　包装盒是如今商品社会的标志性物件，大至家电，小到牙刷，都少不了它的包裹。虽然外表普通，但用美丽的包装纸或好看的布料，就能将其"打扮"得漂漂亮亮。

瓶罐

　　瓶罐同样具有收纳功能，与包装盒相比更加结实，透明的玻璃或塑料材质本身就显得美观。瓶罐分为塑料、玻璃、金属等不同材质，能改造成花瓶、花盆、清洁球等，在不同领域"发光发热"。

一次性筷子

　　未经雕琢的一次性筷子，散发着原木特有的魅力。做手工的时候，把自己想象成一个原始的木匠，应该是一件很美妙的事情吧。

牛仔裤

　　谁家没几条穿旧的牛仔裤呢？废旧的牛仔裤可改成不羁的破洞乞丐裤、可爱的牛仔包包、牛仔布艺相框等，绝对时尚无敌。

图书

　　人们习惯将图书作为精神食粮，其实它也能变成我们手中的玩具，儿时从旧书上撕下几页纸，做成纸船、千纸鹤、花篮等，是大家共同的回忆。

光盘

　　旧光盘是个神奇的东西，无论是做成收纳盒、装饰品，还是有趣的小玩意儿，都个性十足。如果你家里也有不少旧光盘，那就跟着我们一起做一些有趣或实用的小物件吧！

第二章

小玩意儿的华丽转身

变身材料：

废旧软盘6张、布料、硬纸板、填充棉、剪刀、针线。

废旧软盘
↓↓
清新唯美收纳盒

乐活心情

可以说，软盘就是数码世界里的小小收纳工具。可那些淘汰掉的软盘，又该往何处去呢？别急着将它们丢入废纸篓，事实上，在数码世界里"退休"之后，它们也可以摇身一变，成为日常生活里的收纳盒呢。

如果你手中有6个以上的软盘，正好可以用来做一个别致的六角收纳盒。神奇的变身开始啦！

给力步骤：

1.准备软盘、布料、硬纸板等材料。

2.裁一段布条，大小需要能完全包住6个软盘。

3.将布条分成6个隔断缝合，每个隔断里面装入1个软盘，并在软盘外层塞入填充棉。

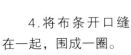

4.将布条开口缝在一起，围成一圈。

5.剪一大一小2个六角形纸板，小的刚好可以放入图4当中；大六角形纸板稍大一些。接着比照小六角形纸板裁2片布，留出缝头。

6.将布条的正面相对，缝好其中的4条边。

7.将缝好的布套翻回正面，将小六角形纸板放进去。

8.缝好剩下的2条边，塞入图4底部并缝合。大六角形做法类似，但放入纸板后还要塞入填充棉。

9.用布料剪出一个小圆形。

10.在小圆形边缘缝上线，针脚疏一些。

11.将疏缝线拉紧，塞入少量填充棉，形成一个小球。

12.将小球缝在大六角形的正中间，盖子做好，完工。

※本作品制作由南风提供

花时间：60分钟
乐活指数：★★★★★
惊艳指数：★★★★★

旧衣服
↓↓
麻花桌垫

变身材料：
旧T恤或旧睡衣、剪刀、针线。

花时间：30分钟
乐活指数：★★★★★
惊艳指数：★★★★☆

给力步骤：

1.从旧T恤或旧睡衣上剪下3条等宽的布条，尽量宽一些，长度不限，稍后可根据桌垫大小增减长度。将布条的头缝合在一起，编麻花辫，编成后将绳头缝合固定。

2.将麻花绳取一定长度对折，作为中心。顺着中心将绳子并排缠绕，一边绕一边缝合固定。

3.将绳子的尾巴压扁后缝进垫子底下，清洗整形后就可以投入使用了。

变身材料：

全家桶纸盒、浅色泡泡纱、白色蕾丝边、装饰花2朵、剪刀、双面胶。

全家桶纸盒
↓↓
田园风收纳桶

给力步骤：

1.在底部凸起的一圈圆边上贴一层双面胶，沿着双面胶粘一圈泡泡纱。

2.将衣服剪开一道缺口，用双面胶贴满全家桶全身，再用泡泡纱包住全家桶，剪掉多余的泡泡纱，留约2厘米的边沿，用双面胶固定边沿。

3.用双面胶在桶口边缘贴一圈蕾丝和装饰花即可。

花时间：10分钟
乐活指数：★★★★☆
惊艳指数：★★★★☆

变身材料：

大硬包装盒、防水包装纸、剪刀、美工刀、热熔胶。

包装盒
↓↓
个性调料柜

给力步骤：

1.将盒盖剪掉，留下盒身。根据几种调料瓶的大小，量好隔板之间的距离，以及需要的隔板数量，并画出缝隙。

2.将盒盖剪成与鞋盒同高的纸块，用热熔胶两个两个地粘在一起，做成隔板。将包装纸贴在盒身和隔板上，插上隔板，用热熔胶固定，调料柜就做好了。

花时间：15分钟
乐活指数：★★★★★
惊艳指数：★★★★☆

变身材料：
卫生纸芯3个、不同颜色的毛线若干、废旧光盘1张、剪刀、热熔胶。

乐活心情

卫生纸芯
漂亮笔筒

有没有想过，

用看上去最不起眼的卫生纸芯做成漂亮而又温馨的笔筒？

线线的毛线细细缠绕，

将难看的纸芯瞬间变成了缤纷可爱的小物件。

无论是铅笔、钢笔、水性笔，

都各自怡然自得地藏在小小的笔筒中，

还不时探出头来想要闻一闻笔筒外馥郁的花香呢！

给力步骤：

1.准备原材料：3个用过的卫生纸芯（最好长度有区别，如果一样高，就剪成3个有1厘米左右落差的纸筒）、家里剩下的毛线段（长短无要求，只要长过纸筒高度的两倍即可）、1张废旧光盘、剪刀、热熔胶。

2.取1根线绕过纸筒中心，打一个死结。

3.把结转至纸芯的内侧，用热熔胶将接头固定在内壁上。

4.顺着纸芯壁将线密密地缠绕，不留空隙，线要拉紧。

5.线段用完后再接其他颜色的线，要打死结，并保证线头藏在纸芯内侧。

6.继续缠绕，边缠边注意压住刚才的线头。

7.缠完后，用热熔胶将线头固定在纸芯的内壁，用同样的方法缠完3个纸芯。

8.用热熔胶将最高的纸筒固定在光盘中心孔偏后位置。

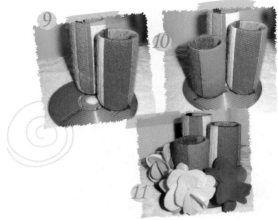

9. 再用热熔胶固定次高的纸筒，注意避开光盘中间的小孔。

10.接着热熔胶固定最矮的纸筒。

11.最后用布艺花朵固定在底座上，作为装饰。

※本作品制作由猪猪妈提供

花时间：50分钟

乐活指数：★★★★★

惊艳指数：★★★★★

塑料瓶
↓↓
实用筷筒

变身材料：

饮料瓶3个，剪刀、铝线、包装纸。

花时间：10分钟

乐活指数：★★★★☆

惊艳指数：★★★★☆

给力步骤：

1.饮料瓶洗净，控干水分。

2.将饮料瓶拦腰剪断，留下瓶底下半截。

3.在瓶底扎3个孔，这样可以让餐具上残余的水能够方便地流出来。

4.在瓶身分别贴上包装纸。

5.用铝线从瓶孔中穿过，将瓶子固定在一起，简易筷筒就做好了。

塑料瓶
↓↓
果蔬密封袋

变身材料：

　　饮料瓶、保鲜袋、剪刀。

给力步骤：

　　1.将饮料瓶从瓶口4~5厘米处剪下，只留上部。

　　2.用剪刀将剪下的饮料瓶边缘修剪整齐，不要留下锯齿，以免划伤保鲜袋。

　　3.将瓶盖拧开，取一个保鲜袋，将袋口穿入饮料瓶口。最后拧上瓶盖，果蔬密封袋就做好了。

花时间：10分钟

乐活指数：★★★★☆

惊艳指数：★★★☆☆

牛仔裤
↓↓
多层收纳包

变身材料：

　　旧牛仔裤、剪刀、针线、暗扣。

给力步骤：

　　1.将牛仔裤背面的两个口袋剪下，注意口袋周围留两厘米的布。再将口袋挨口袋对齐缝合，剪掉多余的布。

　　2.口袋翻回正面，在口袋中间的两层布之间钉一个暗扣，小巧的收纳包就完工了。

花时间：10分钟

乐活指数：★★★★★

惊艳指数：★★★★★

变身材料：

白色洗洁精瓶、剪刀、红色水笔。

洗洁精瓶
↓↓
可爱兔子花盆

乐活
心情

洗洁精是厨房的必备之物，
用完的瓶子却是留之无用的"鸡肋"。
如果我们愿意动手动脑，从中找乐，那么，"鸡肋"也可
以变成有滋有味的个性饰品。
比如把它做成一个生肖花盆，记录花草的成长历史，
库存生活的点滴快乐。现在教大家做的是可爱兔子花盆，
不妨依葫芦画瓢，选择自己心仪的小动物造型，
随心而动吧！

给力步骤：

1.准备好基本材料与工具：白色洗洁精空瓶、剪刀、红色水笔。

2.用水笔在空瓶处勾勒兔子形象。

3.兔子尾短，背面构图可以十分简单，易于剪切。

4.去除瓶口部分，再从兔耳入手，沿着画线剪出形象。

5.沿着画线剪完头部，再剪切兔身、兔尾。

6.用剪刀尖端钻出白兔的瞳孔形状。

7.用剪刀尖端反复刮出白兔眼睛的轮廓，还可以刮出白兔的"睫毛"。

8.在白兔脖子以下钻两个透气孔，在瓶子中下部钻一圈透气孔。

9.在瓶子底部钻两个排水孔。

10.制作完毕后，还可以找来2朵带细长柄的鲜花（如三角梅），装饰脖子下面的透气孔。建议种下植物后再缀上细柄花朵，可保持花朵的洁净美观。

※本作品制作由王闽九提供

花时间：45分钟

乐活指数：★★★★★

惊艳指数：★★★★★

口罩↓↓便利零钱袋

变身材料：

口罩、针线、珠子。

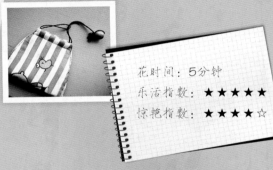

花时间：5分钟

乐活指数：★★★★★

惊艳指数：★★★★☆

给力步骤：

1.抽掉口罩上的绳子，将口罩对折，接着将口罩的两侧分别缝起来，做成袋子。

2.用一根口罩绳从袋口的一端穿过，在另一端穿出，再将口罩绳两端系住。

3.在绳子的接口处穿一颗珠子，零钱袋就完成了。

变身材料：

报纸、硬纸板、剪刀、透明胶带。

给力步骤：

1.用纸板剪一个与普通纸巾筒相近的正方形，剪掉4个角，并在中间剪下一小块纸板。用报纸包住纸板，用透明胶带粘牢，再掏空报纸中部，做成抽纸巾的洞。

2.用同样的方法做比纸巾筒稍大的"身子"以及底部，将做好的3个部分黏合在一起。再将报纸卷成大小相当的卷筒，粘在纸巾筒周围，就完成了。

花时间：10分钟

乐活指数：★★★★☆

惊艳指数：★★★★☆

变身材料：

大号饮料瓶、美工刀、彩色胶带。

给力步骤：

1.将饮料瓶清洗干净，控干水分。

2.在瓶子中间挖一个比漱口杯稍大一些的槽，接着在大槽旁边挖两个小槽。

3.沿着槽口周围粘上一圈胶带，独一无二的牙具收纳盒就可以正式"投入使用"了。

花时间：8分钟

乐活指数：★★★★☆

惊艳指数：★★★★☆

变身材料：
鞋盒、纸板、手袋提绳、美工刀、剪刀、透明胶带、双面胶、即时贴。

乐活心情

鞋盒→←完美收纳柜

家具店里的小柜子总是那么精致可人，让人有立即打包回家的冲动。其实大可不必羡慕工匠们的玲珑巧手，用鞋盒、绳子、即时贴这些平凡的东西，也能做出精致的收纳柜，完全可以跟家具店的柜子媲美。跟着我们一起做吧，也许你会被自己的成果感动哦！

变身步骤：

1.准备材料：几个大小相同的鞋盒（数目可以自定）、纸板、手袋提绳、美工刀、剪刀、透明胶带、双面胶、即时贴。

2.将盒盖的一面裁开，留下其他三面。

3.将盒盖的其他三面分别用纸板接高，要高于鞋盒的高度。

4.将几个接好的盒盖叠放在一起，用胶带固定住。

5.在纸盒内外贴上即时贴，柜子的外部就做好了。

6.在鞋盒的一个侧面用双面胶粘上硬纸板，作为抽屉面板。注意纸板的高度约是收纳柜的1/3。

7.在面板粘上即时贴，可以稍加装饰。

8.在面板中间钻两个小孔，将手袋提绳编成辫子，接着穿入小孔，作为抽屉拉手。

变身材料：

饮料瓶、布料、手袋提绳、针线、发夹、剪刀、锥子、打火机。

花时间：10分钟

乐活指数：★★★★☆

惊艳指数：★★★★☆

9.将完成的抽屉放入柜子框架中，是不是刚刚好？

10.非常漂亮而且实用的柜子就做好了，也可以在柜子顶端做一个提手，方便随时搬动。

※本作品制作由朱瑛提供

花时间：15分钟

乐活指数：★★★★★

惊艳指数：★★★★★

给力步骤：

1.剪下瓶子下半部分，在瓶口以下1厘米扎一圈间距1厘米的小孔。

2.用布料裹住瓶身，将布料接口处缝在一起。

3.将布料一端向下卷1厘米，沿着扎好的小孔缝一圈，然后翻到正面。在布料上穿好绳子打结，套在饮料瓶上，完成。

台历+纸杯 ↓↓ 支架笔筒

变身材料：

台历、一次性纸杯、包装纸、缎带、珠子、剪刀、胶水。

给力步骤：

1.撕掉旧台历中的纸张，留下外面的硬壳。将台历硬壳展开，用漂亮的包装纸将硬壳包好。

2.将一次性纸杯剪成前后两半，取其中的半个用包装纸包好。将包好的纸杯半圆粘在台历上，并将台历支起来。

3.将缎带做成的蝴蝶结粘在台历边沿作为装饰，支架笔筒就完工了。

花时间：15分钟

乐活指数：★★★★☆

惊艳指数：★★★☆☆

黄页 ↓↓ 花朵笔筒

变身材料：

废旧黄页、卫生纸芯、硬纸板、铅笔、直尺、美工刀、剪刀、小夹子、白乳胶。

给力步骤：

1.量好长度，从黄页上裁下部分黄页。将黄页分为5等分，分别用夹子固定住。每一等分的黄页均以一个纸芯为内芯，将黄页向书脊方向折成花瓣的形状。

2.用乳胶将花瓣与书脊固定。将做好的花朵放在纸板上，在纸板上画出花朵的轮廓。剪下纸板上的花朵，用乳胶贴在书本花朵上，一个花朵笔筒就做好了。

花时间：18分钟

乐活指数：★★★★☆

惊艳指数：★★★★☆

变身材料：

不织布、旧光盘、纸板、填充棉、尺子、针线、消失笔、剪刀。

乐活心情

旧光盘↔小小布篮子

就像衣服

再多也觉得不够穿，收纳筐好像再多也不够用，

谁叫家里的杂物总是那么多呢。

为了给家用物件更多的空间，

同时也帮助你成为优秀的收纳达人，现在再教大家一种收纳篮的做法。

给力步骤：

1.准备原料：颜色不同的不织布2块、旧光盘、纸板、填充棉、尺子、针线、消失笔、剪刀。

2.找一张硬纸板，裁成如图所示的圆形，作为模板。

3.按模板在不织布上画出边框和半径线。

4.画好的外圆和12根半径线。

5.再用光盘作为模板在不织布中央画一个圆形。

6.画好的样子。

7.在另一块布上只画外圆。

8.按外圆线将布条剪成圆形。

9.按圆形轨迹将两片不织布缝合在一起。

10.缝到1/2圆的时候，将光盘塞入两片布之间。

11.塞好的样子，光盘应该与中心的小圆重合。

12.再缝合剩余的1/2圆，将光盘包在两片布中间，再按径线缝合两片布。

13.径线只缝到1/2处，可用笔作标记，线结藏在两层布的中间。

↑

↓

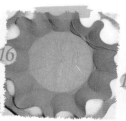

14.缝合完所有的径线。

15.再由径线分隔的两片布之间塞入填充棉。

16.塞好的样子。

17.把填充棉用力往里塞，在1/2径线处缝合边缘，此时注意将线抽紧。

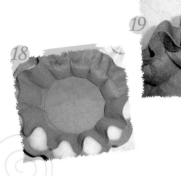

花时间：60分钟

乐活指数：★★★★★

惊艳指数：★★★★★

18.依次缝合所有的边缘。

19.缝合好后，边缘形成了荷叶边，完成。

※本作品制作由猪猪妈提供

变身材料：

包装盒、剪刀、双面胶、大钉子或锥子。

包装盒
↓↓
"百孔"笔筒

给力步骤：

1.选硬度较好的包装盒，封好盒盖。

2.选纸盒的正面或侧面，用钉子在上面扎孔，孔不要扎得太密。

3.将纸盒较长的侧面黏合固定在一起。

4.将笔插到孔中，"百孔笔盒"就宣告完工了。

花时间：8分钟

乐活指数：★★★★★

惊艳指数：★★★★☆

冰棒棍+纸板 ↓↓ 卡哇伊笔筒

变身材料：

冰棒棍、纸板、粉色和黄色花边、手机贴钻、胶枪、剪刀、白乳胶。

花时间：20分钟
乐活指数：★★★★☆
惊艳指数：★★★★★

给力步骤：

1.剪掉冰棒棍一头的圆弧，用6根等长的粘在一起作前后壁，用4根等长和1根稍长的粘在一起作侧壁。

2.比照做好的壁，用纸板做带底的内筒，将4个壁粘到内筒上。在壁身分别粘上两根平行的横梁。用花边打两个蝴蝶结，将花边和蝴蝶贴到笔筒上。再用手机贴钻贴出可爱的图案，卡哇伊的笔筒就做好了。

漱口杯 ↓↓ 新奇帽子笔筒

变身材料：

胶质漱口杯、废旧毛巾或布料、彩纸、白乳胶、剪刀、橡皮筋。

花时间：25分钟
乐活指数：★★★★☆
惊艳指数：★★★★☆

给力步骤：

1.将废旧毛巾或布料叠成长条形状，将叠好的毛巾环绕在杯口。

2.用橡皮筋将毛巾的两头扎紧，做成帽子形状。

3.用彩纸剪成眼睛和嘴巴的形状，再用白乳胶贴在杯壁，可爱的帽子笔筒就做好了。

牛仔裤 ↓↓ 简约墙壁挂袋

花时间：20分钟

乐活指数：★★★★★

惊艳指数：★★★★☆

变身材料：

旧直筒牛仔裤、剪刀、针线、绳子、筷子。

给力步骤：

1.剪下两个裤腿，缝线处剪开，变成两个长方布块。其中一个对折，缝合除裤脚外的其他两边。

2.翻回正面，成为一个大的牛仔布袋。将另一个布块按需分成几份，做成小口袋，缝合在牛仔布袋上。再剪出三个小布条，缝在布袋上方，作为挂扣。

3.用筷子将绳子穿过挂扣，再系上绳子。

卫生纸芯 ↓↓ 立体墙壁雕塑

花时间：10分钟

乐活指数：★★★★★

惊艳指数：★★★★★

变身材料：

卫生纸芯、闪粉、剪刀、订书机、胶水、夹子。

给力步骤：

1.将纸芯压平，用纸芯剪出1厘米宽的椭圆形花瓣状纸片。

2.将纸片摆成花朵造型和叶子造型，用夹子固定住。

3.用订书机将纸芯订在一起。

4.在纸芯表面涂上亮晶晶的闪粉。

5.用胶水将"花朵"贴在墙上，摆成一株向上延伸的花树，很漂亮吧？

33

变身材料：
布、烟盒20个、胶水、针线、剪刀。

烟盒→→井井有条收纳盒

乐活心情

虽然不少人主张家里够凌乱才有生活气息，可是有些零零碎碎的小东西我不到时，真是急得人挠头跺脚呢，相信不少人都有这样的经历。如果能用格子收纳盒让这些小东西"各就各位"，就再也不用为我不着东西满头大汗啦！提倡变废为宝的我们，当然希望能自己做一个。

其实方法还挺简单的，当然，最关键的还是那份劳有所获的成就感了。

给力步骤：

1.准备材料：一些漂亮花布、20个空烟盒、胶水、针线、剪刀。

2.剪布条，长度稍长于2个烟盒的长度，宽度稍宽于2个烟盒的宽度，再将布条对折。

3.沿着中线将2张烟盒壳竖着粘好。

4.将布条的底边折起来，粘好。

5.将布料的上半部分折下来，用藏针法缝好。

6.按照上面的做法，做出2张烟盒壳长的布条2条，4张烟壳长的布条2条，6张烟壳长的布条2条；另外，用同样的方法做一个16张烟盒壳长度的长条，作为外围边。

7.用如图所示的方法将布条摆好。

8.将直角部分缝合。

35

9.把外围边缝上，大功告成。

10.将衣物放入收纳盒，非常有条理吧?

※本作品制作由郝秀珍提供

花时间：80分钟

乐活指数：★★★★★

惊艳指数：★★★★★

洗发精瓶
↓↓
浴室收纳盒

变身材料：

空洗发精瓶、吸贴挂钩、透明胶带、剪刀、锥子。

花时间：12分钟

乐活指数：★★★★★

惊艳指数：★★★★★

给力步骤：

1.将洗发精瓶拦腰剪下，留下下半部分，刷洗干净，控干水分。

2.用胶带粘在瓶口，防止手被不平整的剪口划伤。

3.按照挂钩的大小，在瓶子上钻两个洞。

4.将瓶子挂在挂钩上。

5.将挂钩粘在墙壁上，收纳盒就做好了，也可以在收纳盒外壁贴一层塑料纸装饰。

鞋盒
↓↓
指甲油收纳盒

变身材料：

鞋盒、底布、绒布、粉色绸布、蕾丝、珠子、胶水、针线、尺子。

给力步骤：

1.剪下盒盖，在鞋盒内部涂上胶水。

2.用浅色布料从下往上包住鞋盒，将绒布粘在盒底；用粉色绸缎从上到下铺在鞋盒上，沿鞋盒底边缘剪下。

3.取下绸缎，在毛边缝一圈线，重新扣在鞋盒上。缝线处向上卷，在鞋盒口收住，胶水固定。在绸缎边缘缝珠子、蕾丝。

花时间：30分钟
乐活指数：★★★★☆
惊艳指数：★★★★★

卫生纸芯
↓↓
布头收纳筒

变身材料：

卫生纸芯数个、彩图杂志、双面胶、剪刀。

给力步骤：

1.将卫生纸芯清理干净，在纸芯外面和上下内沿粘上双面胶。

2.从杂志上裁下颜色漂亮的纸张，剪成适当大小。

3.将杂志纸粘在纸芯上，纸芯边缘也需要粘。

4.将小布头卷成与纸芯相近的长度，然后塞进纸芯中，是不是刚刚好呢？

花时间：8分钟
乐活指数：★★★★☆
惊艳指数：★★★☆☆

37

变身材料：

旧光盘、不织布、丝带、花边、尺子、消失笔、针线、剪刀、热熔胶。

旧光盘
超有爱纸巾筒

乐活心情

在流水线上

大批量生产的纸巾筒，漂亮是漂亮，但总是显得有些冰冷。为何不自己用布料做一个暖暖的纸巾筒呢，

用暖色调的布料做身子，

用纯洁无暇的白色蕾丝花边做点缀，

再镶上红色格子花纹的丝带。这样的纸巾筒，摆在随手可触及的地方，

一股温馨宜人的气息慢慢地弥散开来，

这才是家的味道。

给力步骤：

1.用光盘作为工具，在一块布上画两个实心圆。

2.用光盘作为工具，在一块布上画两个空心圆。

3.剪出两个空心圆和两个实心圆形及两块长方形，长方形长度为光盘的周长加2厘米（高度视卷纸的高度而定），空心圆在上，实心圆在下。

4.将两个空心圆的内缘用锁边针缝合。

5.将两个做底面的实心圆和两块做侧面的长方形一起缝合。

6.在缝合时，注意长方形的边要留出1厘米不缝合。

7.缝合一周，将底面和侧面连在一起。

8.将侧面的长方形布粘在一起，注意粘牢。

9.剪去多余的部分，用平针缝合。

10.再把侧面的顶端两片布料用锁边针缝合。

11.缝到中间时缝入一段丝带。

12.开始上面空心圆外缘的缝合，也在中间位置缝入一段丝带。

13.在空心圆剩下1/4未缝合时，将两根丝带的位置对齐，再把空心圆和长方形侧面连在一起缝。

14.然后在盖子上缝上蕾丝花边，纸巾筒就完成了。上面的盖子可以自由开合。

※本作品制作由猪猪妈提供

花时间：60分钟

乐活指数：★★★★★

惊艳指数：★★★★★

完成

乐活延伸

除了用花边点缀，还可以在纸巾筒上缝上可爱的动物图案，原本"淑女味"十足的纸巾筒马上变得活泼可爱起来。

一次性筷子
↓↓
简约时尚相框

变身材料:

一次性筷子、扣子、泡沫胶。

给力步骤:

1.将2根筷子并排粘在一起,共粘4对。将4对筷子首尾相连,呈正方形粘在一起,框架做好。

2.筷子并排粘满框架,再用2对筷子粘在相框背面,作为支架。接着用2对筷子,参照照片的大小,固定在相架正面的上端和下端,作为挡板。

3.在2对档筷的4个角各粘一颗颜色鲜艳的扣子,简约而又时尚的相框就大功告成了。

花时间:15分钟
乐活指数:★★★★☆
惊艳指数:★★★★★

牛仔裤
↓↓
创意相框

变身材料:

旧牛仔裤、纸盒、蝴蝶结、亮片、剪刀、针线、胶水。

给力步骤:

1.找一个硬纸盒,剪下一个方块。

2.把放相片的地方掏空,大小根据照片的大小决定。接着在纸板前后粘上双面胶。

3.从牛仔裤上剪下一块大小适宜的牛仔布,将牛仔布裹在纸板上。最后缝上蝴蝶结、亮片,一个很有设计感的相框就诞生了。

花时间:15分钟
乐活指数:★★★★☆
惊艳指数:★★★★★

牛奶瓶
↓↓
格子收纳盒

变身材料：

6个塑料牛奶瓶、旧布料、花边、透明胶带、剪刀、针线。

花时间：15分钟
乐活指数：★★★★★
惊艳指数：★★★★☆

给力步骤：

1.从瓶底部4厘米（长度可以根据自己的需要决定）处分别剪开牛奶瓶。

2.用胶带将牛奶瓶下半段固定在一起。

3.剪下一块花色漂亮的旧布料，缝成套子形状。

4.将布套套在盒子上，剪掉多出来的布料，最后将花边缝在套子边缘，格子收纳盒就做好了。

奶粉罐
↓↓
粉嫩抽纸筒

变身材料：

奶粉罐或其他铁皮罐、毛线围巾、针线、绳子、剪刀。

花时间：15分钟
乐活指数：★★★★★
惊艳指数：★★★★★

给力步骤：

1.将围巾在奶粉罐上绕两圈，剪下多余的围巾。

2.将毛巾折叠成双层，缝合在一起，做成套子。用套子套住奶粉罐，套子上部需包住罐口，套子下部要包住一部分瓶底。

3.在罐顶和罐底地套口分别穿上绳子，罐底的绳子拉紧打结，抽纸筒就做好了。

啤酒瓶盖 ↓↓ 别致杯垫

花时间：10分钟

乐活指数：★★★★☆

惊艳指数：★★★★☆

变身材料：

啤酒瓶盖、布料、剪刀、针线。

给力步骤：

1.将布料剪成比瓶盖稍大的小块，最好接近圆形。在布块边缘缝线，做成小套子，不用打结。

2.将瓶盖塞进套子中，盖底面向套口。

3.将线头拉紧，使套口尽量小，接着打结。

4.将每7个啤酒瓶盖作为一组，其中1个放在中间，另外6个缝在周围组成花朵形状，就可以作为杯垫使用了。

变身材料：

旧书3~5本、美工刀、铅笔。

旧书 ↓↓ "书生"花瓶

给力步骤：

1.找出开本相同的3~5本旧书。

2.在每本旧书封面的中间位置，从上至下画出如图所示的弧线，将书分成两部分。

3.沿着弧线将书切开，留下带书脊的那一半。

4.修饰切口部分，使切口尽量平整。

5.将五本书的书脊连在一起，呈扇形打开，"书生"花瓶就诞生了，书脊之间的空隙正好用来插花。

花时间：15分钟

乐活指数：★★★★☆

惊艳指数：★★★★★

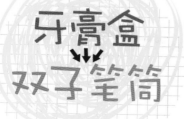

变身材料：

牙膏盒、双面胶、尺子、笔、美工刀、胶水、剪刀、卡通贴纸、包装纸。

乐活心情

牙膏盒 ➤➤ 双子笔筒

瘦瘦长长的牙膏盒，

看上去"弱不禁风"，一副风吹就倒的模样，

还能拿来做什么呢？往往在拆封之后，

它们就被人们当做垃圾直接扔掉，完成自己的使命。

其实，如果你心灵手巧，也能令它们摇身一变，成为超

有个性的笔筒。牙膏盒折叠后变成可爱的双子笔筒，

贴上鲜艳的卡通贴画，插上五颜六色的七彩铅笔，

瞧，连书桌上的玩具小猫咪，

也忍不住好奇地打量着它呢。

给力步骤：

1.准备好所需要的材料，注意牙膏盒的纸质要稍硬一些，长度最好是常见的19厘米。

2.使用直尺和笔，在牙膏盒底部两条边的1/2处各画1个点，并在上部两条边距顶点7厘米处分别画4个点，然后连接这6个点。

3.使用美工刀，沿画好的线条将中间部分挖空。

4.沿着挖空处的直线，将牙膏盒的两部分进行对折。

5.再用双面胶或胶水，将对折好的牙膏盒两部分粘贴固定在一起。

6.在盒子表面贴上双面胶，并取出大小适宜的包装纸。

7.用包装纸对盒子进行包装。

8.在盒子底部的包装纸，要用胶水粘贴牢固。

9.需要折进里面的贴纸注意用剪刀剪开，同样粘贴牢固。

10.最后，将可爱的卡通图案贴纸贴在笔筒表面，独一无二的双子笔筒就做好了。

花时间：20分钟

乐活指数：★★★★☆

惊艳指数：★★★★☆

啤酒瓶 ↓↓ 素雅花瓶

变身材料：

空啤酒瓶、白纸、剪刀、白乳胶。

花时间：10分钟

乐活指数：★★★★☆

惊艳指数：★★★★★

给力步骤：

1.啤酒瓶内外洗净，控干水分。

2.用白纸剪出1厘米左右、宽度相等的长条。

3.在啤酒瓶身涂上乳胶。

4.将纸条搓成紧实的麻花条。

5.将麻花条一圈一圈粘在啤酒瓶上，很快，清新素雅的花瓶就做好了，非常适合用来衬托娇艳的花朵。

奶粉罐 ↓↓ 独特墙壁挂桶

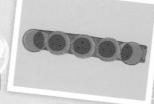

变身材料：

空奶粉罐5个、木板、锥子、卷尺、钢锯、铁钉、螺丝钉、螺丝起子、钉锤。

花时间：20分钟
乐活指数：★★★★★
惊艳指数：★★★☆☆

给力步骤：

1. 撕掉奶粉罐上的包装纸后，将其清理干净。在罐底以等边三角形的形状钻3个孔，孔距尽量大一些。

2. 找一块长宽适当的木板，量好奶粉罐的长度后，将木板锯成长宽合适的形状。用螺丝钉将奶粉罐并排固定在木板上。最后将木板钉在墙上，一排简约大方的银色挂桶就大功告成了！

树枝 ↓↓ 原木发簪

变身材料：

自然掉落的树枝、美工刀、透明指甲油、饰物。

花时间：12分钟
乐活指数：★★★★☆
惊艳指数：★★★☆☆

给力步骤：

1. 找一根顶端枝桠多一些的树枝，用美工刀削掉外皮，再将没有枝桠的一头削尖。接着继续用美工刀，将枝桠修整得纤细顺滑。

2. 在树枝表面涂一层透明指甲油，接着在枝桠部位放上装饰物，一个好看的发簪就做好了。

变身材料：

饮料瓶盖1个、布块若干、彩色皮筋10厘米、花边1条（长度为瓶盖周长+2厘米）、填充棉适量、剪刀、热熔胶、针线。

乐活心情

饮料瓶盖
↓↓
迷你针插

炎热的夏天，

来一瓶凉凉的，甜甜的，瓶装果汁是很惬意的。

喝完美味的饮料，

饮料瓶却成为废弃的"食品垃圾"没有了用处，

除了废品回收站还能派上什么用场？

让我们的目光落到瓶盖上吧！小小的瓶盖也能派上用场呢。

一堆零碎的布块，几根彩色的皮筋，几团小小的棉花，

就能和不起眼的小瓶盖一起，

做成可爱的迷你针插。

给力步骤：

1.准备好材料，将布块剪成15厘米x15厘米左右大小。

2.用锥子在盖子中间对应的位置打2个对称的孔，孔的直径正好和皮筋的直径吻合为宜。

3.先将皮筋一头打结，再从里向外穿出。

4.穿出的一头再从另外的一个孔穿回盖子内。

5.先试试手指的尺寸，选择一个最舒适的长度。

6.打结后剪掉多余部分，备用。

7.将布块对折再对折后，大小是布块原来的1/4。

49

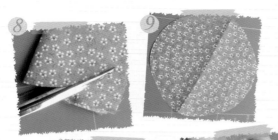

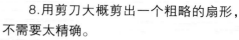

8.用剪刀大概剪出一个粗略的扇形，不需要太精确。

9.将扇形打开，呈现一个大概的圆。

10.用针穿2股线，最好选择牢固一点的，如皮革线等不容易断的线。

11.在距离圆边1厘米的位置进行疏缝，针距大概1厘米左右即可。

12.疏缝完以后拉紧线，如图。

13.一手拉住线，一手往里塞棉。边塞边按，尽量塞得饱满。

14.塞得差不多的时候右手渐渐把线拉紧，左手继续将填充棉塞进去。

15.塞完以后将线完全拉紧，如图。

16.用线来回穿过使收口更结实，同时不断调整圆球的形状，使之尽量圆润。

17.缝到最后，圆形的效果更加圆润。

18.将缝线打结后，用剪刀将多余部分修剪掉。

19.在黏合前先与盖子进行比对，看看大小是否合适。

20.用热熔胶枪把胶融化后填进盖子里，大概填到2/3的高度即可。

21.趁着胶还热软的时候，将棉球塞进盖子里。边塞边整理棉球的形状，使棉球和盖子最大程度贴合并保持形状。

22.稍等5分钟后，用热熔胶在盖子周边涂一圈。

23.将花边沿着盖子贴一圈，边贴边按实，使花边贴合在盖子周围一圈。

24.花边多出来的部分回折进内侧。

25.用手将回折线压出来，准备贴缝。

26.将回折位置缝好并固定。

27.迷你针插完成。

28.戴在手上的效果。

※本作品制作由小笨提供

花时间：30分钟

乐活指数：★★★★★

惊艳指数：★★★★★

如果想要尝试不同的色彩风格，替换所使用的布块和花边即可。由于针插十分袖珍，因此也十分考验耐心哦！

完成

牛奶盒
↓↓
花盆"外衣"

变身材料：

牛奶盒、塑料袋、剪刀、双面胶。

花时间：15分钟

乐活指数：★★★☆☆

惊艳指数：★★★☆☆

给力步骤：

1.将牛奶盒完全摊开，翻过来用双面胶粘好，粘好后没有图案的一面朝外。

2.用另一个牛奶盒，裁成纸板条粘在其四周。再裁一些纸板条，上端剪成三角形，竖着粘在牛奶盒四周。

3.将塑料袋的提手剪掉，下半部分铺在盒底，将花盆放在里面就可以了。

饮料瓶
↓↓
自动浇水花盆

变身材料：

大号空饮料瓶、美工刀、锥子。

花时间：5分钟

乐活指数：★★★★★

惊艳指数：★★★☆☆

给力步骤：

1.取一个大号的饮料瓶，将瓶子从中间捡成两截。

3.在瓶子的上半截扎一些小洞。接着将上半截倒扣在下半截瓶子内。

4.将花草植入瓶中，花盆就做好了，这样浇一次水后，即使上部的水分干了，下面的水也能蒸发到上面的土壤中去，保证土壤的湿度。

旧筷子
↓↓
小巧衣架子

变身材料：

旧筷子若干、皮筋、绳子、挂钩。

花时间：10分钟

乐活指数：★★★★★

惊艳指数：★★★★★

给力步骤：

1.将2根筷子的首尾用皮筋绑在一起，作为架子，数量自定，中间也绑上皮筋，皮筋上留下套口。

2.将绳子从筷子中间的皮筋中穿过去，打结固定，每穿过一个架子打一个结。

3.将做好的架子用挂钩固定在门上或其它地方，就可以用来挂衣服了。

纸盒
↓↓
简洁时尚花插

变身材料：

旧纸盒、丙烯颜料、剪刀、胶带、挂钩。

花时间：15分钟

乐活指数：★★★★★

惊艳指数：★★★★★

给力步骤：

1.将纸盒剪出花槽，接着在盒盖上隔开一定距离挖两个孔，用来挂花插。

3.用深色丙烯颜料给纸盒上色，如咖啡色等。等颜料干了以后，用白色丙烯颜料画上喜爱的图案或文字。

5.将花插用挂钩固定在墙上，美丽的花插完工。

光盘
↓↓
闪亮花盆

　　将4个光盘立起来，围成一圈，用透明胶粘在一起作为围挡；用一个光盘当底盘，将纸杯放在上面，用透明胶粘一起；将底盘与围挡用透明胶粘在一起，纸杯装水，盖一张光盘，用透明胶固定即可。

铁丝
↓↓
镂空吊篮

　　用尖嘴钳将铁丝绕成从小到大的螺旋状，注意留一截铁丝做挂杆，在铁丝上刷上乳白色丙烯颜料；将塑料瓶洗干净，剪成两半，高度根据篮子的高度决定，留下下半截；将塑料瓶放到篮子中，一个漂亮的镂空花篮就做好了。

一次性筷子
↓↓
森林系便签架

变身材料：

　　一次性筷子若干、胶水。

花时间：10分钟
乐活指数：★★★★☆
惊艳指数：★★★☆☆

给力步骤：

　　1.取2双筷子，将其中一双掰成不同大小的四截，再将四截中较短的一截从中间掰成更短的两小截。

　　2.量好长度，先将较长两截筷子粘在长筷上，再将最短的两截粘在下面那根横栏上，接着将最后一截筷子粘在下面那根横栏上作为支撑。使用时用曲别针等将便签固定在架子上即可。

竹签
↓↓
寿司卷帘

牙刷
↓↓
虎牙掉小刷

将两根竹签首尾错开放在一起，从竹签的左边开始编；将所有竹签用线首尾错开连在一起以后，继续在竹签中间和右边编一条线；已被绳子完全固定住的竹签，看起来就像一副竹帘，用这个"竹帘"做寿司卷帘或锅垫均可。

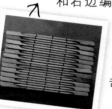

点燃蜡烛，将牙刷头放在距火苗顶端1厘米左右，加热到底部的塑料变软；趁热用剪刀将牙刷头扭成60度方向即可，用来清理犄角旮旯的污渍再合适不过。

塑料花盆
↓↓
波浪边花盆

围巾
↓↓
亮丽头花

选择颜色鲜亮的旧围巾，将其重新洗干净，晾干；从其中一端剪下两条等宽的长布条，将布条用颜色相同的线缝合，接着将线扯紧打结，最后将布条的两头缝合在一起，做成花瓣；将花瓣缝在皮筋上，美丽的头花就完成了！也可用颜色不同的布条做成头花。

在盆边以下画波浪线，注意波浪的大小应接近，沿着波浪边，将多余的塑料剪掉；将锐利的剪口休整得圆润、平滑，一个波浪边花盆就完工了，把花栽进去看看，是不是比原先还漂亮？

灯泡
↓↓
新巧鱼缸台灯

变身材料:

废灯泡(玻璃无破损)、铁丝、木板、尖嘴钳、钉子。

给力步骤:

1.去掉灯泡的后座,将灯泡内外部的残留物清洗干净。

2.用铁丝缠绕灯泡口,留出一段铁丝,将铁丝用钉子固定在木板上。

3.可在灯泡里放进碎石、水草、小金鱼等。

花时间:15分钟

乐活指数:★★★★☆

惊艳指数:★★★☆☆

牛仔裤
↓↓
布艺鼠标垫

变身材料:

旧牛仔裤、蕾丝花边、针线、剪刀、消失笔。

给力步骤:

1.在牛仔裤的裤腿上剪下一块大小合适的布料,用消失笔在布料上画上方形或圆形等形状,沿画好的线剪下画好的布料。

2.用白线在布料周围勾一圈短针,既是锁边,又能当做花边。在布料上缝上蕾丝花边,一个漂亮时尚的鼠标垫就完成了。

花时间:10分钟

乐活指数:★★★★★

惊艳指数:★★★★☆

灯泡 ↓↓ 创意花瓶

变身材料：

废旧灯泡、钳子、布料、铁丝、水、鲜花。

花时间：20分钟

乐活指数：★★★☆☆

惊艳指数：★★★☆☆

给力步骤：

1.将使用钳子，将灯泡最末端的金属片揭下。

2.使用钳子尖端，锤掉灯泡末端的黑色玻璃，注意不要被玻璃渣溅到。

3.将灯泡里的灯丝等物取出，留下空灯泡。

4.用布料将灯泡口包裹一圈。

5.在灯泡里加入水和鲜花，用铁丝悬挂起来。

毛衣 ↓↓ 暖水袋"新衣"

变身材料：

旧毛衣、剪刀、针线。

花时间：10分钟

乐活指数：★★★★★

惊艳指数：★★★★☆

给力步骤：

1.选颜色温暖的旧毛衣，剪下一个毛衣袖子，将未装热水的暖水袋放进袖子里，在保证袋身及袋口都被包裹住的前提下，剪下多余的毛线。

2.将袖子翻过来，将袖口的另一端缝合在一起，接着将袖子翻到正面，暖水袋的"外衣"就做好了，袖口的松紧部位正好能收紧袋口。

衣架
↓↓
写意吊式花架

变身材料：

旧衣架、塑料瓶、剪刀、尖嘴钳、丝带、钉子。

花时间：10分钟
乐活指数：★★★☆☆
惊艳指数：★★★☆☆

给力步骤：

1.塑料瓶清洗干净，沥干水。

2.将塑料瓶剪成两半，长度自定，留下有瓶盖的那一半。

3.将瓶盖拧紧向下放置，用尖嘴钳将衣架铁丝缠绕在瓶口，注意缠紧。

4.调整衣架的形状，使之尽量美观。

5.在衣架"脖子"上系上丝带做的化蝶结，美丽的花插完工了。

6.将花插挂在钉子上，插上花朵，是不是真的很美？

铁丝
↓↓
创意书信架

废旧不用的铁丝，如果长度足够长，可以做成小巧的创意书信架。使用老虎钳，先将铁丝的一段折弯，慢慢拧成平面的螺旋状，然后将剩余部分绕在一个矿泉水瓶上，进行绕圈。绕圈达到一定长度后，再将铁丝的另一端，也用老虎钳拧成平面螺旋状。

一次性筷子
↓↓
"原味"名片盒

根据名片的长度，在筷子上做记号，注意筷子要稍长一些；将筷子并排粘在一起，再用两根筷子做横梁，作为盒底；用筷子做成栅栏的样子，分别粘在底部的四壁；按照需要的高度粘好四面壁，一个与众不同的名片盒大功告成。

变身材料：

旧书本、灯座、美工刀、铁片、锥子、绳子、小电钻。

乐活心情

万籁俱寂的夜晚，

独自坐在床头，读一本让人感到安宁的小书。

床头是明亮的灯光，

灯管透过书页投下橘黄色的暖意，温馨而又朦胧。

纸张上的油墨书香，空气中柔和的光线，

营造着梦境一般的氛围，

让你留恋着不愿睡去。

旧书

温馨小书灯

给力步骤：

1.将旧书本合上，使用美工刀，沿着书脊的部位，挖出一块长方形的缺口。

2.将一个灯座固定在如图所示的铁片上。

3.将安装好的灯座，固定在书脊的缺口处。

4.在书口的两侧钻孔，可以使用电钻，也可以使用钉子和锤子。

↑

↓

花时间：20分

乐活指数：★★★★★

惊艳指数：★★★★★

5.在孔洞处穿上线。

6.穿好后，在书本的一侧打结，并装上灯泡。将其放在床头，摊开书本，接上电，打开灯，散发着温暖光芒的小书灯就完成了。

口香糖瓶
↓↓
卡哇伊木桶

变身材料:

口香糖瓶子、一次性筷子、美工刀、锥子、牙签、双面胶。

给力步骤:

1.削掉口香糖瓶盖,留下瓶身。将9双筷子分别削成7厘米左右长,再将一双筷子削成10厘米长;在较长的两根筷子的9厘米处各钻一个小孔。

2.瓶外贴上双面胶,将削好的木棍并排粘在瓶身,其中两根最长的粘在一条直径的两端,两个孔朝内相对,再将牙签插进孔内即可。

花时间:15分钟

乐活指数:★★★★☆

惊艳指数:★★★★☆

饮料瓶
↓↓
另类清洁球

变身材料:

透明饮料瓶、美工刀、剪刀。

给力步骤:

1.找一个材质较软的饮料瓶,裁掉瓶底。从底部开始,将瓶身剪成4~5厘米的长条,注意不要剪断,接着将剪好的长条团成一团。

2.将塑料团放入开水中浸泡片刻,让塑料团定型不散开,实用的清洁球就完工啦,可以用来代替洗碗的钢丝球哦!

花时间:10分钟

乐活指数:★★★★☆

惊艳指数:★★★☆☆

光盘 ↓↓ 私房耳环架

杂志纸 ↓↓ 轻盈纸手链

找两张旧光盘和一个卫生纸芯，用花布包裹缝合。将光盘和纸芯组合成"工"字形，胶水粘牢；用较粗的

线在上面的光盘上缝出适量的挂钩，就可以把耳环挂在上面了。

撕下一些颜色好看的杂志纸，将杂志纸剪成长宽相近的长条；在长条上刷上胶水，接着卷成筒状，等胶水干透后，将纸筒剪成大小相同的纸珠；将纸珠串起来，两头加入装饰彩珠，好看轻盈的纸手链完成了！

饮料瓶 ↓↓ 绿意花篮

变身材料：

饮料瓶、剪刀。

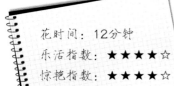

花时间：12分钟

乐活指数：★★★★☆

惊艳指数：★★★★☆

给力步骤：

1.找一个大号绿色饮料瓶，从瓶盖向下减去1/4，留下瓶身的部分。将瓶身部分剪开，每次下剪刀时，在瓶口部位留一块方形的片，接着直接向下直剪。

2.在方形片上剪出一条条的小口，剪完所有方片。将剪完的瓶子向外折一圈，装满"鲜花"的花篮就完工了，插上花看看吧。

酒瓶木塞 ↓↓ 古典小挂坠

变身材料：

变身材料：

葡萄酒软木塞、美工刀、金属小挂钩、黑色玉线或链子。

花时间：35分钟

乐活指数：★★★★☆

惊艳指数：★★★★☆

给力步骤：

1.选择一只保存较完好的葡萄酒软木塞，最好外形具有古典花纹图案。

2.用美工刀将软木塞切割成所需要的大小和形状。将金属小挂钩钉入软木塞中，注意不要用力过猛，以免软木塞变形或破裂。

4.将玉线或链子穿入挂钩，完成。

易拉罐 ↓↓ 花边烟灰缸

变身材料：

易拉罐、剪刀。

花时间：18分钟

乐活指数：★★★★☆

惊艳指数：★★★★☆

给力步骤：

1.从空易拉罐顶部以下1/4处起剪掉瓶盖部分。取瓶底部分，将易拉罐向下直剪成细细的条状。

2.以6条为一组，左右各3条，交叉编织，并将多余部分折到里面。耐心编完所有细条，主体就完成了。

3.将之前剪下的瓶盖部分扣在主体上，烟灰缸大功告成。

第三章

创衣无限
女红志

变身材料：

旧长筒皮靴、浅色棉布料、梅花皮扣、针线、剪刀。

旧皮靴
↓↓
优雅真皮
钱包

乐活心情

皮革，是优雅生活

不可缺少的装点材质。爱美的女孩子，总少不了几双长筒皮靴。可流行风刮得太快，

皮靴的款式也淘汰得太快，当一双皮靴已经不再光鲜亮丽，如何才能继续发挥它的价值呢?

不妨用它来做一只钱包吧!

做好的皮质钱包，沿袭了皮革制品那份独有的优雅与贵气。而白色花边与浅色棉布的内衬，却又给钱包带来了一丝清新的亲切感。

给力步骤：

1.准备好废旧的皮靴，将皮靴的皮面尽量整理平整。

2.剪掉靴筒（余下部分可请鞋匠改成流行短靴），把筒上的装饰皮带拆下来备用。

3.剪下靴筒后帮的部位（一片），大小约20×14厘米。

4.准备40×14厘米大小的里布和20×14厘米大小的铺棉各一片。

↑

↓

5.将里布对折车缝，预留返口，将辅棉放置在上面。缝好的尺寸为20×14厘米。

6.翻到正面，缝好返口。

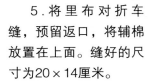

7.裁剪大小为8×8厘米的里布两片，对折后在反面烫一层薄衬。

8.缝合后翻转到正面，并且缝好返口。

9.对折里布并在中间缝一道明线。

10.在剪下来的皮面上缝一片百代丽花边。

11.把花边多余的地方往里折并缝合固定。

12.钉上准备好的梅花皮扣的一边。

13.在另一面同样钉上梅花皮扣。

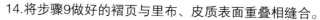

14.将步骤9做好的褶页与里布、皮质表面重叠相缝合。

15.另一边也缝合。

16.另一侧的长边也缝合。

17.全部缝合完毕，漂亮的皮质钱包就完工了！

花时间：60分钟

乐活指数：★★★★★

惊艳指数：★★★★★

18.如果不需要拎手，直接拎着皮靴筒上表面原有的手环即可。
19.也可将拆下来的皮带装饰穿进环扣，作为手拎带子。

※本作品制作由芙蓉朵朵提供

变身材料：

白色牛仔裤、电工胶带、鲜红布料、铅笔、剪刀、针线。

白色牛仔裤
↓↓
绣花牛仔裤

给力步骤：

1.找一张清晰的梅花图案，对照图案，用铅笔在胶带上画出梅花的枝干。

2.从胶带上剪下梅花的枝干，贴在裤子上你喜欢的位置，注意枝干由粗向细延伸，将枝干缝在裤子上。将画布剪成大小不等的小四方形并对折，用大花压小花，三片做一朵梅花。将做好的花瓣缝在枝干上，不用太复杂，但注意重叠有序。

花时间：30分钟

乐活指数：★★★★☆

惊艳指数：★★★★☆

69

牛仔裤
↓↓
颓废破洞子裤

变身材料：

旧牛仔裤、剪刀、消失笔、磨脚石。

给力步骤：

1.找出一条旧牛仔裤，用消失笔在自己想要做洞的部位划线，如膝盖、大腿处，长度、数量自定。

2.沿着画好的线将口子剪出，按裤子自身的纹理，用磨脚石顺着纹理慢慢地磨。

3.当每道口子都出现了白色的"猫须"时，一条时尚的破洞牛仔裤就正式诞生了。

花时间：70分钟
乐活指数：★★★★☆
惊艳指数：★★★☆☆

黑色T恤
↓↓
蕾丝领T恤

变身材料：

黑色T恤、白色蕾丝布料、松紧带、消失笔、剪刀、大头针、针线。

给力步骤：

1.用消失笔在领口处画处新的领口位置，比如U形领，沿着笔迹剪下多余的领口布。

2.将蕾丝用大头针固定在新的领口位置。

3.用白线将蕾丝缝在T恤上。

4.将松紧带固定在袖口与下摆，公主风格的蕾丝T恤就做好了。

花时间：35分钟
乐活指数：★★★★☆
惊艳指数：★★★★☆

简单无图T恤
↓↓
卡通扣子T恤

在纸板上画出自己喜欢的图案，如简单的米奇老鼠轮廓，沿着线将图案剪下来；确定图案的位置，将纸板用大头针固定在T恤上；沿着纸板的轮廓缝扣子，边缝边撤大头针，缝完。

牛仔裤
↓↓
儿童牛仔裙

剪下牛仔裤的一截裤脚；将剪下的两只裤脚，分别从一侧的缝线处剪开；将剪开的布块缝合在一起；在有毛边的一头，沿边缝上松紧带；最后用缎带做成蝴蝶结，缝在腰部，儿童牛仔裙就做好了。

老式筒裙
↓↓
时尚背心

找出一件合身的背心，放在筒裙上，用笔画出肩宽、胳膊开口的位置和大小，范围稍大一些。将筒裙腰部等需要拆线的地方裁开。按画好的线，将领口和袖口剪出来。将衣服翻过来，将领口、袖口的滚边缝好，也可使用缝纫机，清凉的背心就完工了。

半袖卡通T恤
↓↓
小小童衫

找出一件合身的儿童T恤，比照卡通半袖T恤，在卡通T恤上画上线。对照儿童T恤，将卡通T恤的袖子剪下一截，翻过来缝好；再沿着线将衣身多余的布料剪下，翻过来缝好。然后将袖子与衣身缝在一起，给宝贝的儿童衫就做好啦，如果觉得领口过大，还可以在领口上收几针。

71

变身材料：

白色旧袜子1只、灰色旧袜子1只、花边若干、黑色珠子2颗、针线、棉花、剪刀。

乐活心情

袜子
↓↓
俏皮小鸭

还记得小时候

妈妈在耳边的叮咛吗？——即使在炎热的夏天，

也别光着脚在地板上跑来跑去，那样容易着凉。

穿上一双薄薄的袜子，别让地板冰了脚。

长大之后，不常回家的你很难再听妈妈面对面的叮咛了。

可每次穿上薄薄的棉袜，仍倍感温暖废旧不用的袜子，

花上十几分钟时间，用它做只小小的鸭子摆在窗台或书桌上，

它的温暖，你感受到了吗？

给力步骤:

1.准备好材料,线的颜色要与袜子保持一致。

2.将棉花塞入袜子中,饱满程度如图。

3.用线在袜子的头部缝一圈,抽成圆形,成为小鸭子身体和头部的雏形。

4.使用剪刀,在灰色的旧袜子上剪下一块菱形。

5.将菱形对折,沿边缘缝合。

6.将缝合好的灰色菱形缝在小鸭子的头部上。

7.将2颗黑色珠子缝上,作为鸭子的眼睛。

8.再次使用灰色旧袜子,剪下一块如图所示。

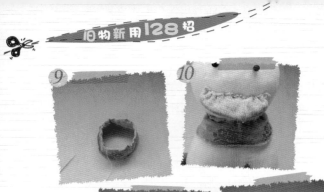

9.将这块灰色布料沿边缘缝合。

10.将它套在小鸭子的脖子上。

　11.在袜子的尾部用线缝合，并注意抽紧。

　　12.剪一块花边。

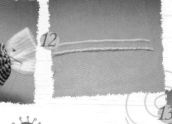

花时间：18分钟

乐活指数：★★★★★

惊艳指数：★★★★★

乐活延伸

13.将花边用线抽紧，变成如图所示的形状。

14.将花边缝在鸭子的头上，这样，小鸭子就做好了。

※本作品制作由威威提供

　　袜子最好选择纯白色为主颜色的，也可以选择浅黄色或其他浅色调的。将棉花塞入袜子中时不要用力过猛，以免棉花填充不均匀。

无图T恤 ↓↓ 涂鸦T恤

在硬纸板上画一个自己喜欢的图案，比如凯蒂猫的轮廓，用美工刀将图案沿着线裁下来；将T恤展开、铺平，将裁好的图案放到T恤上；用涂鸦喷漆沿着硬纸板边缘喷，喷漆时力度要适中；喷完漆后拿开硬纸板，一件带有图案轮廓的T恤就做好了。

围巾 ↓↓ 新潮套头围巾

将围巾上面的穗子拆掉或剪掉（没有穗子可以省略这一步）；把围巾戴起来，在脖子上绕一圈，决定围巾的长度后用大头针定位；取下围巾，将用大头针固定的地方缝在一起，剪掉多余的围巾，即成。

普通T恤 ↓↓ 潮流小衫

将衣服剪成上下两部分，剪掉一部分袖口，将衣服翻过来缝好；拿出下部分，顺着上半部分的边将两部分缝在一起。将蕾丝边分别缝在袖子和衣服中间接缝处，完成。

牛仔裤 ↓↓ 火辣热裤

将牛仔裤剪短到适合的长度，裤脚向内折，翻到反面，给裤脚锁边；将花边剪成裤脚和尾袋两个长度，缝在裤脚和尾袋部位。如果想要褶皱效果，可以边缝边拉线。

发卡+V领T恤
↓↓
"魔力"T恤

V领短袖T恤、发卡。

给力步骤：

1.将T恤反穿，获得低露背的效果。准备一个发卡，如图所示。

2.将T恤一侧的部分衣服收进发卡，获得一种穿衣效果。

3.将一侧整个袖子收进发卡，另一侧露肩，则又是一种穿衣效果。

↑

↓

花时间：15分钟

乐活指数：★★★★★

惊艳指数：★★★★☆

4.将衣领中间部位向下收进部分衣服，前面也出现了V字领。

5.将两只袖子各用一个发卡收起来，则是漂亮的U字领了。一件T恤，用发卡就能演绎出百变的穿衣效果，是不是特棒？

牛仔裤
↓↓
迷人蛋糕裙

花时间：60分钟

乐活指数：★★★★★

惊艳指数：★★★★☆

变身材料：

旧牛仔裤、里衬、剪刀、针线。

给力步骤：

1.沿着裤裆，将牛仔裤剪成上下两部分。将上半部分底边往里折进一部分，缝好底边。将两条裤腿分别剪开，剪成长方形的布块，分别锁边。

2.将一块布料与上半部分缝合，做成褶皱效果，缝好第一层裙摆；将里衬缝在底边内层，在里衬上缝第二层裙摆。

运动衫
↓↓
活力铅笔裙

花时间：30分钟

乐活指数：★★★★★

惊艳指数：★★★★★

变身材料：

套头运动衫、红白松紧带、贴花、别针、热熔胶、剪刀、针线。

给力步骤：

1.将运动衫的两条袖子剪下来，翻到正面，将袖子开口的地方缝合。检查一下运动衫颈部的弹性，使它刚好适合你的腰围，过大时可以缝几针。

2.按照自己的喜好将贴花贴在裙子上。将红白松紧带对齐，缝合在一起，将缝合后的松紧带作为腰带环绕在腰部，用别针固定住，铅笔裙大功告成。长度可根据需要调节。

普通T恤 ↓↓ 露肩T恤

将T恤的袖子剪成长短合适的短袖，从袖子的上方往下剪几道并排的口子，长度约为袖子的1/2，再将T恤翻过来，给袖口的边缘锁边，锁完边后露肩T恤就做好了；将剪下的袖子向内卷好缝合，在袖子两头分别穿入松紧带，又做好了一双袖套。

袜子 ↓↓ 玲珑袖套

剪下长筒袜的袜筒，将袜筒戴在手腕上，找出缝暗扣的地方，用大头针定位；将暗扣分别缝在袖子和袖套上，小巧玲珑的袖套就做好了，弄脏以后可以随时拆下清洗，十分方便。

毛衣 ↓↓ 独特毛衣

选用纯毛或者不容易脱线的毛衣，从腋下部位向上剪，剪下两只袖子；将领口剪下，在领子正中间向下剪一道小口，还可在背心下摆的两侧各开一道小口；将装饰绳沿着领口缝在背心上，两端各留出长短相近的一长段系成蝴蝶结，完成。

休闲裤 ↓↓ 闪亮肥腿裤

选一条能与肥腿裤颜色搭配的腰带，或者自己缝制一条腰带；将珠片放在腰带上，长度约为腰带长度的1/2，缝在腰带中间；把腰带系在肥腿裤上，用腰带的两头在裤腰一侧打个蝴蝶结，朋克味十足的肥腿裤就宣告完工了。

黑T恤+金色珠链 ↓↓ 优雅御免礼服

在旧黑色T恤最底端剪下一圈稍窄的布条，将布条和金色珠链缠绕在一起，链子用单股去缠；将缠绕好的珠链成品两头聚拢并缝合，然后缝在一条短款黑色连衣裙上作为拉脖吊带，完成。

内衣 ↓↓ 性感蕾丝船袜

比照买来的船袜，剪出纸样；拆下内衣上的弹力布和弹力带；将纸样套进弹力布中，剪出袜子的形状；按照脚的长度，剪出两条带子，将布和带子缝合在一起，袜子就做好了。

高腰袜 ↓↓ 爱宝宝护膝

找一双厚一些的高腰袜和一些保暖内衣布料，将袜子的袜腰部分剪下来；从保暖内衣布上剪下两个圆形的布片，直径与袜宽相等，把袜子翻到反面，用锁边的方法将布片缝在袜子上；将袜子翻回正面，将装饰布缝在袜子上，宝宝专用护膝就做好了。

毛绒袜 ↓↓ 绒球宝宝鞋

用纸剪出翅膀形状的鞋面纸样，再剪出椭圆形的鞋底纸样。对照纸样，将旧毛绒袜剪出鞋面和鞋底。

将鞋面和鞋底缝合在一起，用珠子在鞋头缝上眼睛和嘴巴，可爱的宝宝鞋就做好了。

79

无图T恤
↓↓
超萌儿童T恤

花时间：25分钟

乐活指数：★★★★★

惊艳指数：★★★★☆

变身材料：

棉T恤、不织布、剪刀、针线、纸板、消失笔。

给力步骤：

1.在纸板上画出喜欢的图案，不需要太复杂，将图案剪下来，作为模板。

2.比照模板，剪下同样的不织布图案，将不同颜色的图案分层缝合在一起，组成一个整体的图案。

3.将缝好的图案缝在纯色无图T恤上，小宝贝的T恤就做好了。

修身T恤
↓↓
妖娆贴花长衫

花时间：25分钟

乐活指数：★★★★★

惊艳指数：★★★★★

变身材料：

白色修身棉T恤、黑色蕾丝布料、白色棉织带、松紧绳、大头针、剪刀、针线、消失笔。

给力步骤：

1.比照领口，确定蕾丝的位置和所需蕾丝的长度。沿着蕾丝图案，剪下所需长度的蕾丝，用大头针固定领口，黑线缝合。

3.在长衫下摆以上20厘米处做记号。将约10厘米的松紧带缝制在斜边线上，做出褶皱效果。将棉织线做成蝴蝶结缝在下摆部位，全新的棉T恤就做好了！

第四章

童年狂想曲

变身材料：

废旧光盘、不织布、丝带、软尺、
针线、消失笔、剪刀。

光盘+不织布
↘↘
紫色记忆
收藏地

乐活心情

你有多久没做过

那个紫色的梦了呢？曾几何时，童年的你躺在老屋的
小床上，脑袋枕着小手，沉沉地进入梦乡。在梦里，一
切都是紫色和粉色的，充满着朦胧的雾气，天空中飘出各种
粉红的泡泡，玩具公仔们突然有了生命。

演绎出一个个光怪离奇的童话故事……

在这个电脑普及的数字时代，在书房中，拾起一张不起
眼的废旧光盘，不妨用它做个小小的玩具收纳篮吧。把记忆
装在这里，就像守护着一颗永葆童真的心。

给力步骤：

1.准备好材料，将两块不织布剪裁成同样大小的正方形，叠放在一起。

2.找一张硬纸板，裁成边长为26厘米的正方形，也可用尺子直接在布上画，这样的纸模板可以方便批量制作。

3.按模板在上层不织布上画出边框和对角线。

4.用光盘作为模板在上层不织布中央画一个圆形，将边缘修剪整齐。

↑　　　　　　　↓

5.按圆形轨迹将两片不织布缝合在一起。

6.缝1/2圆的时候，将光盘塞入两片布之间。

7.再缝合剩余的1/2圆，将光盘包在两片布中间。

8.将丝带做成4个蝴蝶结。

9.沿对角线对折一边，捏住。

10.底边与光盘的外切线重合，缝合对角线。

11.在对角线的缝合点上再缝一个蝴蝶结装饰。

12.依次再缝另外两个角。

13.缝合完毕，漂亮的储物篮就做好了。

14.此外，还可以将4个角外翻成如图所示的样式。

※本作品制作由猪猪妈提供

花时间：45分钟

乐活指数：★★★★★

惊艳指数：★★★★★

完成

乐活延伸

如果希望收纳篮显得更加活泼可爱，那么两块不织布可以选择不同的颜色，比如一张紫色、一张粉红色，就能让作品风格为之一变。

糖纸
↓↓
糖纸美人

变身材料：

糖纸、剪刀。

给力步骤：

1.选一些颜色漂亮的糖纸，将糖纸摊开，正反折成扇子折。在糖纸中间以上的部位打一个结，凸起的部分当做胸部。将臀部向胸部的方向折一次。再将臀部下方的糖纸展开，作为裙摆。

2.把胸部以上的部分剪成三份，分别拧成胳膊和帽子，宛如穿着傣族长裙的美人就出现了。

花时间：8分钟

乐活指数：★★★★☆

惊艳指数：★★★★☆

旧书
↓↓
风情圣诞树

变身材料：

旧厚书、丙烯颜料、美工刀、笔、胶带。

给力步骤：

1.将书展开，画上圣诞树的轮廓，沿着线条将书裁开。

2.书脊朝外，将书展开，圣诞树的雏形出来了。

3.在书页上喷上绿色的颜料，尽量布满整本书。

4.将书本直立起来，接着展开，一棵翠绿的"圣诞树"就做好啦。

花时间：25分钟

乐活指数：★★★★★

惊艳指数：★★★★★

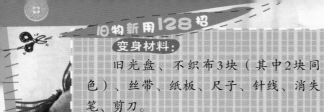

变身材料：

旧光盘、不织布3块（其中2块同色）、丝带、纸板、尺子、针线、消失笔、剪刀。

光盘+不织布
瑰丽公主范
相框

乐活心情

每个女孩都做过

绮丽多姿的公主梦，在梦里，小屋里有蕾丝边的粉色窗幔，床头有可爱的粉色毛线公仔，柜子上呢，还有一个粉色系的心形相框吧。

从女孩到女人，变化的是年龄，不变的是追求美好事物的心境。不管是小女孩，还是大女人，一款漂亮的心形相框一定能让人怦然心动。找出那个沉寂已久的光盘，在穿针走线中，真切地感受一回美丽诞生的过程吧。

给力步骤：

1.找张硬纸板裁成宽13厘米、高11.2厘米的心形（尺寸比例可自定），边框留2厘米，剪出中间的小心形，做成模板。

2.按模板在两块同色不织布上画出心形的内外框，在另一种颜色的布上只画出心形的外框。

3.用不织布剪出两个同色布的空心心形和一个单色布的实心心形。

4.将两个空心布的内缘用锁边针缝合。

5.内缘缝合好后，开始外缘的缝合。

6.缝心形的左上角时，取第三片实心布与前面两片空心布重叠。

7.三片布对整齐后一起缝合。

8.在缝合好的条状心形边框内塞入棉花，缝好4厘米左右的布条后，塞满棉花，缝合时注意修剪多余的边框。

9.边缝边塞，直至塞满心形边框。

87

10.注意心形边框与实心的布只在下半部分连在一起缝，上半部分是分开缝的，以便插入相片。

11.用多余的布剪下两个小心形，用锁针缝合。

12.将缝合好的小心形缝到实心布的背后，作支撑用。

13.相框基本成形的样子。

14.用剩下的碎布剪成大大小小的心形。

花时间：65分钟

乐活指数：★★★★★

惊艳指数：★★★★★

乐活延伸

15.将小心形依次缝在相框的边框上。

16.用漂亮丝带做一个蝴蝶结，粘在相框一角，漂亮的相框就完成了。

※本作品制作由猪猪妈提供

除了用丝带做蝴蝶结外，也可以采用自己喜欢的装饰材料，再将相片放进去，一定非常惊艳！

杂志纸
↓↓
彩色圣诞纸球

变身材料：

旧杂志、圆规或光盘、笔、剪刀、绳子。

给力步骤：

1.从杂志上撕下几页纸，用圆规或者光盘和笔，在杂志纸上分别画上大小相同的圆。

2.在圆纸片上剪出小洞，用绳子将纸片穿在一起，接着在绳子两头打结。

3.将纸片整理一下，使其呈球状，然后挂在合适的地方，是不是很漂亮？

花时间：20分钟

乐活指数：★★★★☆

惊艳指数：★★★☆☆

冰棒棍
↓↓
冰棒棍光盘架

变身材料：

冰棍棒、白乳胶、裁刀。

给力步骤：

1.准备数量较多的冰棍棒，大部分冰棍棒裁掉圆头，剩下一部分中的两头都裁掉方头。

2.在冰棍棒一面涂上白乳胶，黏合在一起，作为底座雏形。在底座雏形上横向粘好加强棍。将两头均裁过的冰棍棒，每5根粘在一起，做成4根立柱。

3.做成两根长条，再用立柱和单个的冰棍棒将长条连接起来做成围栏，粘在底座上即可。

花时间：35分钟

乐活指数：★★★★☆

惊艳指数：★★★★☆

饮料瓶+网套 ↓↓ 趣味羽毛球

花时间：30分钟
乐活指数：★★★★★
惊艳指数：★★★☆☆

变身材料：

空饮料瓶、泡沫水果网套、乒乓球、橡皮筋、玻璃珠、笔、剪刀。

给力步骤：

1.将250毫升空饮料瓶剪下上半部分，大小接近羽毛球。用记号笔将其等分为8份。

2.沿记号剪至瓶颈。将网套套在瓶身，用橡皮筋扎紧瓶口，再用一个网套包住一粒玻璃珠，塞进瓶口并露出长为1厘米的部分。剪下半个乒乓球盖住瓶口，并将四周剪成须，盖住瓶口后用橡皮筋固定住即成。

气球+报纸 ↓↓ 七彩"恐龙蛋"

花时间：15分钟
乐活指数：★★★★★
惊艳指数：★★★★☆

变身材料：

气球、旧报纸、白乳胶、丙烯颜料、美工刀。

给力步骤：

1.用乳胶将碎报纸粘在气球表面，在报纸表面刷一层白色颜料打底。

2.等白色颜料干透后，接着涂上自己喜欢的颜色，也可以在白色颜料上画一些有趣的卡通图案。

3.在"恐龙蛋"的上端将蛋切开，切口最好呈不规则型，即可往"恐龙蛋"内放东西了。

变身材料：

旧乒乓球拍、旧衣袖、布料、填充棉、毛线、纸板、美工图钉、大头针、剪刀、笔。

球拍+布料
↓↓
可爱无敌
娃娃相框

乐活心情

玩具娃娃相框，

不知道你有没见过。没想到娃娃这种可爱的卡通玩具也能用来做相框吧？

更让人觉得不可思议的是，它是用再普通不过的乒乓球拍、袖子和毛线等做成的呢！可不要小看了出身平民的娃娃相框，它可是非常漂亮的。

无论是将它摆在柜子上，还是放在床头，它的装饰效果一点也不输于昂贵的装饰品。

娃娃相框到底长什么样呢，往下看看就知道了。

91

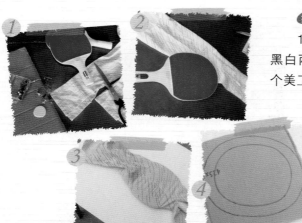

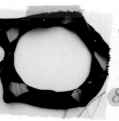

给力步骤：

1.准备材料：1个旧球拍、旧衣袖、黑白两种布料、填充棉、毛线、纸板、4个美工图钉、大头针、剪刀、笔。

2.用衣袖将球拍套起来，就像给球拍穿衣服。

3.这是穿好衣服的球拍。

4.在纸板上画一个和球拍一样大小的空心圆。

5.将空心圆裁下来。

6.将裁好的硬纸板圈，用中心已经剪开的布包起来。

7.按照如图所示的方式，用大头针固定。

8.在已经准备好的布料中缝出头、手、脚的轮廓，并缝合好，注意留两厘米的开口，缝完后翻回至正面，塞入填充棉。

9.将头、手、脚和硬纸板圈放在球拍上，缝合在一起。

10.将毛线捋成捆状，在其中间打个结，两头用皮筋扎好，作为娃娃的头发。

11.把做好的头发用线固定在娃娃头上，再用布料给娃娃做一顶帽子。

12.用如图方式将帽子固定在娃娃头上。

13.在帽檐用线缝上一圈，在收尾处拉紧，做成褶皱的效果。

↑

花时间：75分钟

乐活指数：★★★★★

惊艳指数：★★★★★

↓

14.给娃娃做一双鞋子，再用丝带装饰一下，一个漂亮的球拍相框就做好了。

15.将自己喜欢的照片放进去，用美工钉固定即可。

※本作品制作由钱恋恋提供

乐活延伸

在原材料颜色的选用上，可以尽管大胆、跳跃一些，这样做出来的娃娃才更加可爱，是不是？

光盘
↓↓
缤纷五角星

变身材料：

旧光盘、纸板、剪刀、丙烯颜料、白乳胶、画笔或包装纸。

给力步骤：

1.将纸板剪成五角星的形状，大小比光盘大。在纸板上刷上自己喜欢的颜色，每颗星星的颜色最好不一样，并且为单色。

2.在光盘上剪下星星的角，将剪下的角贴到纸板上。在纸板空余的位置画上喜欢的图案或者包装纸。最后在纸板上扎洞，用绳子挂起来即可。

花时间：20分钟
乐活指数：★★★★☆
惊艳指数：★★★☆☆

白蜡+彩色蜡笔
↓↓
彩虹蜡烛

变身材料：

白蜡烛、彩色蜡笔、易拉罐、有型的容器、剪刀、美工刀。

给力步骤：

1.将易拉罐上半段整齐地剪去一部分，把蜡烛和单个颜色的蜡笔削入易拉罐中。

2.将易拉罐放入热水中，搅拌使罐中的蜡和蜡笔熔化。再在容器中放入从白蜡烛上取下的棉线，将熔化的液体倒入容器中。待蜡烛冷却后，倒入其他颜色的蜡笔，将不同颜色的蜡烛层层叠加上去，彩虹般的蜡烛就做好了。

花时间：30分钟
乐活指数：★★★★☆
惊艳指数：★★★★☆

变身材料：

塑料袋、铁丝、钩针、剪刀、尖嘴钳。

塑料袋+铁丝
五彩缤纷
收纳筐

乐活心情

记忆中曾有

那么一个夏日的午后，陪奶奶坐在门槛上，

看着一根根藤条在奶奶手中翻飞，变成漂亮的编织筐，

真是神奇无比！

其实，如今五颜六色的塑料袋，也能编成好看的收筐。

当各种颜色在手中飞舞，

一步步幻化成精美的收纳筐，

童年的记忆仿佛也染上了缤纷的色彩。

给力步骤：

1.准备各种颜色的旧塑料袋若干。

2.将塑料袋摊开，整齐地对折成段。

3.将折好的塑料袋剪成小段，如图。

4.打开的小段呈圆框状。

5.用如图所示的方法将"圆框"全部连接起来，可以将不同颜色的"圆框"连接在一起。

6.将接好的塑料袋缠成小团。

7.用钩针勾比较结实的辫子针，如图。

8.用奇数根的铁丝作为纬线，铁丝长度自定，将"辫子"缠绕在铁丝上。

9.编的过程中注意将不同颜色的塑料袋错开。

10. 在底部快编好时，准备和底部铁丝相同数目的铁丝，铁丝长度一致，弯成L型，作为侧边的骨架。

11.将底部多余的铁丝往上弯折，与L型铁丝用胶带固定在一起。

12.如图，可以放一个器具定型，继续在骨架上编筐。

13.在骨架边缘加入一段粗铁丝，在与经线接头的地方用铁丝弯成如图的样子。

14.将用铁丝弯成的U型提手固定在小框两侧，用钩针勾短针装饰，好看又实用的收纳筐做好了。

※本作品制作由赵念提供

花时间：90分钟

乐活指数：★★★★★

惊艳指数：★★★★★

完成

乐活延伸

除了塑料袋之外，五彩的布条也能钩成同样效果的收纳筐，不妨也尝试尝试，看看效果如何！

奶粉罐
↓↓
三角几何凳

花时间：30分钟

乐活指数：★★★★★

惊艳指数：★★★★☆

变身材料：

奶粉罐、瓦楞纸、硬纸板、珍珠棉、透明宽胶带、热熔胶、布料、剪刀。

给力步骤：

1.将大小相同的3个奶粉罐摆成三角形，用宽胶带缠绕在瓶身及底部，再用瓦楞纸包住奶粉罐。

2.对照奶粉罐，剪出两个大小相同的三角形纸板。在一块纸板上覆盖一层珍珠棉，作为椅垫。将另外一块纸板覆盖在珍珠棉上，将其固定住。

3.在奶粉罐四周包上好看的布料，用胶水固定即成。

红色塑料瓶盖
↓↓
大红灯笼

花时间：30分钟

乐活指数：★★★★★

惊艳指数：★★★★☆

变身材料：

塑料瓶盖、细铁丝、电钻。

给力步骤：

1.准备一些红色的塑料瓶盖，或者用丙烯颜料将瓶盖涂红。在瓶盖中心一一打上小孔，用铁丝将十多个瓶盖串起来。将铁丝对折，使瓶盖组成一个球形。

2.在铁丝两头分别串入两个瓶盖，再用透明胶带粘在瓶盖两端，防止瓶盖下滑。做出几个"灯笼"后，在铁丝的末端拧一个结即成。

变身材料：

饮料瓶、旧袜子、填充棉、蕾丝花边、剪刀、针线、热熔胶。

乐活心情

塑料瓶硬硬的

外壳不大讨人喜欢，要是用柔软的袜子包装一下，

塑料的锐气便马上消失不见。

如果再用蕾丝花边装饰，简直到了惹人怜爱的地步。

现在我们就来用塑料瓶做一个小花盆，

不仅非常漂亮，还能用来栽种一些水培植物呢，

怎么样，

要是心动了就跟着一起做吧！

塑料瓶袜子
↓↓
穿裙子的
小花盆

给力步骤：

1.准备材料：1个饮料瓶、1只旧袜子、填充棉、蕾丝花边、剪刀、针线、热熔胶

2.将袜子从中间剪成两段，可以做两个花盆。

3.从瓶底以上8厘米的地方剪开，用打火机燎下锐利的瓶口。

4.取袜子的下段将瓶子套起来，袜尖部分正对瓶底，用热熔胶固定，瓶底周围一圈也用热熔胶固定。

5.将袜子翻过来，在袜子和瓶子中间均匀地塞入填充棉。

6.边塞边整理，让棉花在瓶子和袜子中间均匀分布成花盆形。

7.将袜子的边缘翻折，用热熔胶固定在瓶口上。

8.将蕾丝花边缝在瓶口周围。

9.沿着瓶口均匀地缝好花边，整理下花边。

10.漂亮的小花盆做好了，由于里面是塑料瓶，还可以装水呢！

※本作品制作由猪猪妈提供

花时间：50分钟

乐活指数：★★★★★

惊艳指数：★★★★★

易拉罐 ↓↓ 大肚金属灯笼

变身材料：

易拉罐、尺子、美工刀、锥子、绳子、筷子。

花时间：25分钟

乐活指数：★★★★★

惊艳指数：★★★★☆

给力步骤：

1.将易拉罐的瓶盖去掉，用尺子和刀在易拉罐上确定切割的位置，并量好要切割的长度和宽度。

2.沿着刚才画好的印记，将易拉罐切割开。往下压易拉罐，到出现灯笼的形状为止。

3.在瓶盖边缘钻3个小孔，用绳子将灯笼挂起来，再将绳子绑在筷子上，活灵活现的灯笼就做好啦，只差放一根蜡烛了。

101

杂志纸
↓↓
抽象"灯笼"

花时间：15分钟

乐活指数：★★★★☆

惊艳指数：★★★☆☆

变身材料：

旧彩色杂志、剪刀、订书机、绳子。

给力步骤：

1.撕几页彩色杂志纸，剪成宽度相近的长纸条。将纸条叠在一起，分成数量相等的两部分。握住分好的杂志纸两端，将纸往中间压缩，直至出现灯笼的形状。

2.在灯笼雏形的两端订上订书针，用来固定灯笼。在灯笼的一头掏一个小孔，用绳子挂起来，富有装饰感的中国风"灯笼"就完工了。

纸杯
↓↓
烂漫太阳花

花时间：15分钟

乐活指数：★★★★☆

惊艳指数：★★★★☆

变身材料：

用过的一次性纸杯、剪刀、丙烯颜料。

给力步骤：

1.剪掉边缘，将杯身剪成宽1.5厘米左右纸条若干条。

2.摊开纸杯，用橙黄色的颜料涂在所有的"花瓣"上（颜色可自选）。

3.将"花心"涂成棕色（颜色可自定），这样，一朵绚丽烂漫的太阳花就做好了，用胶水粘在墙上就成了非常好的装饰图案。

变身材料：

饮料瓶盖、布料、珠子、绳子、
PP棉、针线、剪刀、彩笔、胶水。

finish

饮料瓶盖+布料
黄毛小丫头

乐活
心情

女孩子的生活，

往往离不开玩偶的陪伴。总有那么几个可爱
的玩偶，伴着你走过生命里的好多个年头，

像一个熟悉而又特别的老朋友，

从不曾对你说过一句话，

盈盈的笑脸却总能给你最温馨的心灵慰藉。

可曾想过，小小的饮料瓶盖也能变身为可爱的玩偶？精

致而又小巧，随意地挂在你的包包上，充满阳光的笑脸，

能陪着你走过大街小巷，春夏秋冬。

103

给力步骤：

1.准备材料：饮料瓶盖2个、布料、珠子、绳子、填充棉、针线、剪刀等。

2.将瓶盖放在布料上，比照瓶盖裁两块圆布。

3.把圆布疏缝一周，暂时不打结。

4.将填充棉和瓶盖叠放在圆布上。

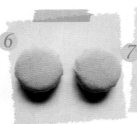

5.将线拉紧，把填充棉和瓶盖包裹起来。

6.用同样的方式做2个瓶盖。

7.把珠子穿在线上，线两头打结，作为手和脚，再把手和脚缝在1个瓶盖背面。

8.剪一段线对折后缝在瓶盖顶端，当挂扣用。

方便面碗+糖纸
↓↓
蝶舞花间

变身材料：

方便面碗、糖纸、铁丝、丙烯颜料、剪刀、绿绳。

花时间：15分钟

乐活指数：★★★★★

惊艳指数：★★★★★

9.将瓶盖与把另一个瓶盖背面相对，用藏针法进行缝合。

10.剪一段毛线，用如图所示的方式编好做头发。

11.把毛线粘在瓶盖中间，画上表情，打上腮红。

※本作品制作由南风提供

花时间：45分钟

乐活指数：★★★★★

惊艳指数：★★★★★

给力步骤：

1.将方便面碗剪成向日葵的样子。在"向日葵"的叶子和花心上分别涂上颜料装饰，颜色自定。

2.将糖纸摊开，对折成正三角形，再剪下来。将糖纸交叉叠在一起，并系成蝴蝶的样子。

3.用细铁丝将蝴蝶固定到花上。再用粗铁丝将花与绳子固定在一起，将绳子挂到墙上，完成。

彩带+纸 ↓↓ 喜气洋洋爆竹

变身材料:

彩带、纸、直尺、剪刀、双面胶、笔。

花时间: 40分钟
乐活指数: ★★★★☆
惊艳指数: ★★★★☆

给力步骤:

1.将彩带剪成5厘米的一段一段,长7厘米左右。

2.将纸剪成约4厘米宽的长条,卷完后的周长小于7厘米。用笔将纸卷成筒状,再用双面胶将末端粘紧。

3.用彩带包裹住纸筒,再用双面胶粘好接口,用此方法做约30个小爆竹。爆竹分成两半,用两根红线串起来,将两个绳子缠在一起,一串爆竹就做好了。

易拉罐+贴纸 ↓↓ 百变壁饰

变身材料:

易拉罐、彩笔、贴纸、剪刀。

花时间: 10分钟
乐活指数: ★★★☆☆
惊艳指数: ★★★☆☆

给力步骤:

1.将易拉罐的底部用剪刀剪下来,注意不要出现锯齿边缘。

2.将裁下来的易拉罐底部修理整齐。

3.在上面贴上漂亮的贴纸。

4.也可以贴上自己的大头贴或字符表情等。

变身材料：

龟苓膏盖圈、不织布、棉布、素色丝带、透明丝带、细黑丝带、棉线、变色线、珠针、小孔缝衣针、大孔缝衣针、剪刀、消失笔。

龟苓膏盖圈
↓↓
蜻蜓
小画屏

乐活心情

"唧唧复唧唧，木兰当户织"，织女和绣女的时代已经离我们远去了，但是对刺绣女红天生的热爱，仿佛一条绵延不绝的河流，生生不息地流淌在我们的血液里。看看大街小巷如雨后春笋一般的十字绣小铺，就可以知道有多少女子在闲来无事的时光里，一针一线细细地挥洒着自己对女红的热爱。

这种小画屏，即使你从未拈针弄线，也可以得心应手地完成呢！

给力步骤：

1.准备材料：龟苓膏盖圈、不织布、棉布、素色丝带、透明丝带、细黑丝带、棉线、变色线等。

2.用龟苓膏盖子的纸圈在不织布和棉布上分别画圆。

3.分别剪下两个圆，不织布的圆按照所画线剪下，棉布的圆略向外0.4厘米剪下。

4.用透明丝带绣蜻蜓的翅膀，在圆形不织布中心向下的位置绣第一针，穿上来后向上一段距离穿下，可以自己估计蜻蜓翅膀的长度。

5.在偏右下方绣第二针，如图，得到两针，作为蜻蜓的翅膀。

6.用黑色细丝带绣蜻蜓的身体，从右侧边起针至蜻蜓翅膀的透明丝带处穿下。

7.继续向前一小段穿出，回转至刚才的针孔穿下。同时用力勒紧，使透明丝带显现出翅膀的样子。

8.重复从前一针的针孔穿出，打一个如右图的法国结（或相似的小结）做蜻蜓的头部。

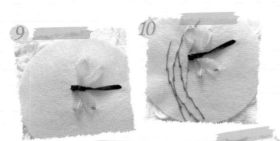

9.用变色线在蜻蜓头部两侧分别绣一个法国结（或相似的小结），作为蜻蜓的眼睛。

10.用绿线绣柳枝，注意和蜻蜓要有一个交合点，就好像蜻蜓落在上面。

11.调整绣好的蜻蜓和柳枝，准备好衬底。

12.将绣好的画面和衬底缝合，针脚要均匀，保持画面平整。

13.用素色丝带缠绕龟苓膏盖。

花时间：60分钟
乐活指数：★★★★★
惊艳指数：★★★★★

乐活延伸

14.缠好后留一小段做挂绳，用同色棉线缝几针固定好。

15.把制作好的画面和画框缝合即可。

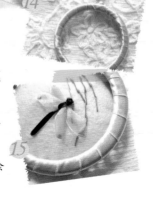

※本作品制作由指尖毓芸提供

蜻蜓翅膀、眼睛等部位的颜色可以按自己的喜好搭配；除了柳枝外，也可以绣小草；法国结可以参考十字绣的针法。

109

鸡蛋 ↓↓ 微笑不倒翁

变身材料：

鸡蛋、小米、筷子、胶水、彩纸、水笔。

花时间：15分钟
乐活指数：★★★★☆
惊艳指数：★★★☆☆

给力步骤：

1.用筷子在鸡蛋的顶端戳一个洞，用筷子搅动蛋清和蛋黄后倒出。往蛋壳内倒入开水，冲干净后晾干。

2.往鸡蛋内倒入少量小米，接着倒入胶水，使小米固定在鸡蛋内一端。

3.用彩纸剪一个稍大的圆形，对折数次，展开并粘在鸡蛋顶端，再画上眼睛、鼻子、嘴巴即可。

光盘+即时贴 ↓↓ 笑脸毛毛虫

变身材料：

旧光盘、彩色即时贴、双面胶、剪刀。

花时间：15分钟
乐活指数：★★★★☆
惊艳指数：★★★★☆

给力步骤：

1.拿出5个光盘，分别在光盘的一面贴上双面胶。在墙上将光盘拼成"毛毛虫"的样子，并撕掉双面胶的另一面。

2.用即时贴剪出触角、眼睛、鼻子、嘴巴，贴到毛毛虫的脑袋上，一只笑容可掬的毛毛虫就做好了。还可以在毛毛虫的身上用彩笔作画。

光盘+即时贴 ↓↓ 快乐小蜗牛

花时间：15分钟
乐活指数：★★★★★
惊艳指数：★★★★★

变身材料：

光盘、纸板、彩色即时贴、剪刀、双面胶。

给力步骤：

1.用纸板剪出一个带着犄角的弧形，作为蜗牛的"身体"，在"身体"上贴一层彩色即时贴。

2.用双面胶将光盘和蜗牛的"身体"粘在一起，光盘为蜗牛壳。撕掉双面胶的另一面，将蜗牛粘在墙上。

3.用彩色即时贴剪成眼睛、嘴巴等，贴在蜗牛上即成。

报纸+颜料 ↓↓ 大嘴青蛙

花时间：45分钟
乐活指数：★★★★★
惊艳指数：★★★★★

变身材料：

报纸、纸巾、透明胶带、订书机、白乳胶、丙烯颜料。

给力步骤：

1.将16张报纸叠放固定，对半分开，拉开两边形成正方形开口。另取6张报纸叠放，压在开口上并黏合。

2.用2张报纸做2个长条，用胶带绑起，围成一个小于正方形开口的圆圈，放在正方形口内侧，粘牢后用报纸边缘将圆圈包裹起来。用废纸团做好青蛙的眼睛，并在青蛙里外涂上乳胶，阴干后上色。

纸杯
↓↓
呼啦啦风车

花时间：12分钟

乐活指数：★★★★☆

惊艳指数：★★★☆☆

变身材料：

一次性纸杯、火柴、吸管、剪刀、锥子。

给力步骤：

1.找一只一次性纸杯，将纸杯剪成宽度、长度接近的纸条，在杯底以上留一段距离。

2.将剪开的纸条全部向同一个方向折叠，做成风车的形状。

3.在杯底扎一个小孔，火柴插入小孔，套上吸管，好玩的风车就做好了。

纸杯
↓↓
呜呜小火车

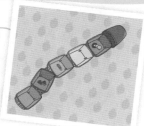

花时间：18分钟

乐活指数：★★★★☆

惊艳指数：★★★★☆

变身材料：

牛奶盒、一次性纸杯、一次性筷子、饮料瓶盖、电钻、美工刀。

给力步骤：

1.准备5个牛奶盒、1个一次性纸杯、3双一次性筷子及12个饮料瓶盖。

2.将牛奶盒、纸杯、瓶盖分别扎洞，筷子裁成长短不同的小段。瓶盖分别与牛奶盒、纸杯粘在一起作为车轮。

3.将牛奶盒与纸杯组装，纸杯放在最前面作为火车头，有趣的火车就完工了。

变身材料：

带有拉手的牛奶箱3个、打印纸外包装盒1个、瓦楞纸板1块、包装纸若干、剪刀、透明胶、双面胶、直尺、笔、玉线（中国结线材的一种）。

牛奶箱
↓↓
玩具收纳柜

乐活心情

你听过那个传说吗？

每当夜深人静，房间里的孩子沉入了梦乡，月光从窗外照进来，顿时，静止不动的玩具们有了生命，从玩具柜里踮着脚溜了出来。毛绒绒的小熊公仔，大眼睛的洋娃娃，金属身躯的童话士兵，举着魔法棒的小仙女……在黑夜里，他们开始了热烈的大狂欢，有的唱歌，有的跳舞，举行着快乐的舞会。当清晨的钟声敲响，玩具们的喧嚣戛然而止，迅速藏进了玩具柜里，仿佛昨夜什么都没有发生过。

1.准备好材料，将瓦楞纸板剪成打印纸盒侧面一样大小。

2.将包装纸也剪成打印纸盒侧面一样大小。

3.在打印纸盒侧面量出25毫米的宽度，沿线裁下侧面，备用。盒盖同方向裁下。

4.用透明胶将盒盖和箱体粘牢。

5.将瓦楞纸裁成和备用侧面同样大小，把打印纸盒隔成3等分，多余部分折在盒背，增加牢固度。

6.用透明胶带粘牢隔板。

7.包装后的半成品。为倡导低碳生活，包装纸使用包打印纸的蜡纸，反过来用。

8.取下牛奶箱的拉手。

9.裁出牛奶箱拉手面大小的包装纸。

10.将包装纸用双面胶粘好。

11.找到原有的两个拉手缝隙，在原先的位置各开一个小口。

12.使用玉线，从小口处慢慢地穿进如图所示的位置。

13.安装拉手。

14.将牛奶盒盖向内折.

15.让内折的部位卡住，不再翻起。量大实用的玩具收纳箱就做好了。

花时间：20分钟

乐活指数：★ ★ ★ ★ ★

惊艳指数：★ ★ ★ ★ ★

16.将牛奶盒装入箱子中，玩具收纳柜就完成了。

17.同样的收纳箱可以做成几组，拼合在一起。

※本作品制作由谢芳提供

变身材料：

尾票夹、橡皮筋。

尾票夹
笔架+卡片夹

给力步骤：

1.用8个尾票夹摆成向心圆的造型，铁皮一头朝内。接着在尾票夹柄上面绑两根橡皮筋。

2.在尾票夹柄下面绑两根橡皮筋，将8个夹子固定在一起。

3.夹子的8个孔可以用来插笔，而夹子之间的缝隙则可以插上卡片或照片，一个超实用的组合就这样诞生了。

花时间：5分钟

乐活指数：★ ★ ★ ★ ☆

惊艳指数：★ ★ ★ ☆ ☆

旧书
↓↓
立体纸苹果

花时间：20分钟
乐活指数：★★★★☆
惊艳指数：★★★★☆

变身材料：

书、硬纸板、小段树枝、铅笔、美术刀、剪刀、丙烯颜料、胶水、夹子。

给力步骤：

1.用纸板剪出半个苹果状的模板，放在书本上，用笔描出苹果轮廓，进行裁剪，将边缘修整平滑。

2.用绿色颜料涂抹在书本的边缘。待颜料干后，将书本展开。将树枝粘在书籍部位，作为装饰。

3.书本两头的两页用胶水粘一起，再用夹子固定，等胶水干透后取下夹子即成。

鸡蛋+毛线
↓↓
秀逗蛋壳小猪

花时间：25分钟
乐活指数：★★★★☆
惊艳指数：★★★★☆

变身材料：

鸡蛋壳、双色毛线、双面胶、饮料瓶盖、纸块、筷子。

给力步骤：

1.在蛋壳外贴上双面胶，取一色毛线缠绕在蛋壳上。在瓶盖口贴上双面胶，扣在鸡蛋有小洞的一头。

2.用另外一色毛线做成头发和尾巴，分别贴在小猪的头顶和尾巴部位，再用纸块剪出耳朵和鼻孔。

3.用纸片剪出4张长方形的纸条，卷成长柱形，用双面胶粘在鸡蛋的底部作为腿，小猪就做好了。

果冻盒+彩纸 ↓↓ 乌龟宝宝

花时间：12分钟
乐活指数：★★★★☆
惊艳指数：★★★☆☆

变身材料：

果冻盒、彩纸、剪刀、双面胶、水笔。

给力步骤：

1.将果冻盒倒扣在彩纸上，画出乌龟的轮廓，沿着线条，剪下乌龟轮廓。

2.将乌龟的四只脚向下弯。

3.在乌龟的头部点上两只眼睛。

4.将纸片和果冻盒粘在一起，再剪些小图案粘在果冻盒上，可爱的乌龟宝宝就做好啦。

茶叶罐 ↓↓ 温馨收纳桶

花时间：10分钟
乐活指数：★★★☆☆
惊艳指数：★★★☆☆

变身材料：

圆筒形茶叶罐、彩色布料、花边、针线。

给力步骤：

1.根据茶叶罐的圆周长度，剪出足够长的布料缝合好，套在茶叶罐上。

2.将布料用胶水贴紧茶叶罐的底部，粘好。

3.再使用另一花色的布料，套装茶叶罐口，多余的布料收进罐口内部，用胶水粘牢。

4.最后剪出适当长度的花边，对其进行装饰。

118